我的家在中國・湖海之旅⑤

萬頃湖光聚寶盆 太湖

檀傳寶◎主編　陳苗苗◎編著

中華教育

是怎樣的寶地、怎樣的觀念，讓太湖人才輩出？要是能在這裏上一堂傳統文化課，再參加一場古代園林設計師考試，會是多麼興奮的體驗啊！

目錄

旅程一

比西施更美的太湖

「美人計」的結局

傳說，在春秋戰國時代，吳、越兩國相爭，越國大敗，越王勾踐臥薪嘗膽預備東山再起。

國難當頭之際，越國大夫范蠡想出條美人計，他把越國最美的姑娘，也是他的戀人——西施，送給了吳王夫差。

范蠡的「美人計」果然奏效，風華絕代的西施協助越國成功收復江山。就在大家猜測西施何去何從時，范蠡已經帶着西施隱去了。

「美人計」的結局給後人留下了一個千古之謎——西施去哪兒了？

據傳，西施和范蠡相攜泛舟於太湖，歸隱於湖光山色之間！

那麼，太湖究竟有甚麼魅力，能吸引這對才子佳人淡泊名利，在此長相廝守呢？

先說說太湖的由來吧，傳說竟然與孫悟空有關！

相傳，孫悟空打落玉皇大帝送給王母娘娘的銀盆，銀盆在地上砸了個大洞變成了湖泊，銀子便化作茫茫的太湖水；銀盆上七十二顆翡翠變成了七十二座山峯，分佈在太湖當中。而因湖從天而降，「天」字上面的一橫就落為下面的一點，所以，就把這個湖叫作「太湖」……

當然，太湖的突出特徵就是它的美麗。古人說太湖「雖然無畫都是畫，不用寫詩皆是詩」。也許正是因為太湖這無與倫比的美，作為美的化身及其代名詞的西施，才選擇與范蠡歸隱太湖吧。西施的故事在太湖廣為流傳，更為碧波萬頃的太湖點睛增色。如今，太湖邊的許多園林裏的牆壁上還記載着有關西施的傳說呢。

《太湖美》是江南家喻户曉的歌曲：「太湖美呀，太湖美，美就美在太湖水。水上有白帆哪，啊水下有紅菱哪，啊水邊蘆葦青，水底魚蝦肥，湖水織出灌溉網，稻香果香繞湖飛。哎咳唷，太湖美呀，太湖美！」

東方的威尼斯

公元前 514 年，太湖畔來了一隊風塵僕僕的人馬。為首的男子認為這裏是建城的風水寶地。

那名男子，就是伍子胥。

伍子胥是歷史上的風雲人物，「一夜白頭」的典故說的就是他。

當年，為父報仇的楚國貴族伍子胥逃到吳國，成為吳王闔閭的重要參謀。奉闔閭之命，伍子胥考察了太湖之濱的水質和土質，規劃建立了闔閭大城。一般認為，闔閭大城就是今天的蘇州古城，但對此，考古學界仍存在爭議。

但有證據可考的是，今天的蘇州古城是一座擁有 2500 多年歷史的文化古城，不僅城址從來沒有移動過，且與南宋李壽明在 1229 年刻繪的《平江圖》相對照，骨幹水系、路橋名勝都基本一致，絕對是世界罕見。

▶蘇州閶門

難道，蘇州古城藏在世外桃源嗎？非也，它歷經朝代興亡、兵災人禍。之所以能千百年巍然屹立，皆因後人對它屢屢重建、重修。當代，蘇州人用「修舊如舊」的方式來修復它，比如在古街道上，建築層高都控制在24米以下，建築色彩嚴格控制在黑、白、灰三種色調。

其實，不僅蘇州古城，太湖之濱「東方的威尼斯」還有很多很多。這些江南市鎮，都傍水而居，有精緻脫俗的氣質。每當夜幕降臨，水上小鎮便燈火璀璨，把人帶入了一個如詩如畫的煙雨江南。

君到姑蘇見，人家盡枕河。
古宮閒地少，水港小橋多。
——唐．杜荀鶴《送人遊吳》

報名啦！

山組、水組來報名啦！

孔子在《論語》中說，智者樂水，仁者樂山。意思是，智慧的人喜愛水，像水一樣反應敏捷而又思想活躍。仁愛的人喜愛山，像山一樣平靜穩重，寬容仁厚。

你想加入山組還是水組？或是兩個組都想報名？

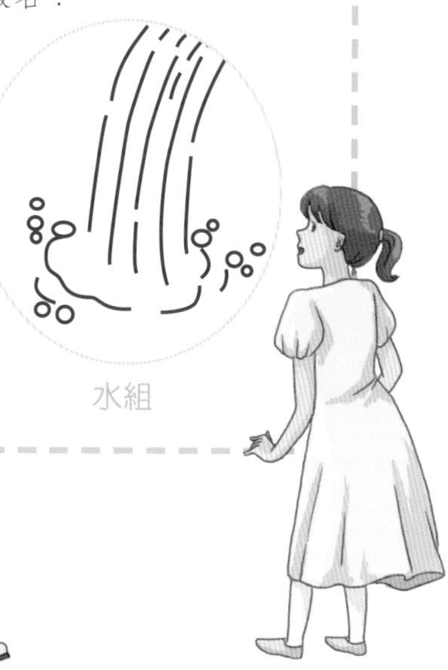

比一比，兩個地方像不像？船、水、建築……有甚麼異同？
白牆黑瓦的民居、縱橫流淌的河水、古樸動人的石橋，江南水鄉就如同浮在水面上的城鎮。難怪馬可·波羅一到蘇州，就驚歎說：「東方威尼斯！」

▲蘇州古城

▲馬可·波羅的故鄉——意大利威尼斯

我在美國的圖書館等你

誰在美國的圖書館等你？

答案是一座來自蘇州的中國古典園林（見右圖）。如果你有機會去那兒，說不定就會遇見它！

▲美國亨廷頓圖書館內的中國古典園林——流芳園

那麼，美國的圖書館為甚麼會大手筆「收藏」它呢？因為「世界園林看中國，中國園林看江南」，世人皆知江南園林之美。在園中遊覽，或見「庭院深深深幾許」，或見「柳暗花明又一村」。而江南私家園林主要集中在太湖流域一些城市，如蘇州、無錫等地。明清時，蘇州作為最繁華的地區之一，私家園林遍佈古城內外，有 200 多處。

太湖水資源豐富，又盛產奇石，中國古代造園家們就是利用這絕佳的自然條件，把私家園林打造成中國建築文化史上的瑰寶。尤其在明清時，太湖流域作為中國經濟、文化的中心之一，文人雅士如過江之鯽，園林是這羣文化名流傾情打造的人文居所。一磚一瓦、一草一木，無不濃縮和寄託了當時設計者和建造者的審美情趣、文化品位與精神追求。受隱逸思想的影響，園林風格樸素、淡雅、精緻而又親切。

▲無水不成園，這是無錫的寄暢園

園林耗資巨大，除皇親國戚外，只有富豪才能出得起錢建造私家園

▲古代，園主請畫家設計建造園林

林。一個園林背後，往往有許多傳奇的家族故事。而蘇州最有名的園林，也是中國四大名園之首、天下園林典範的拙政園，其背後的故事更是讓人唏噓不已。

據說，園主花重金，聘請著名畫家設計圖紙，建成後，取名「拙政園」。這既是園主人的生活場所，更是園主人夢想之所在。然而好景不長，其子在父親過世後，一夜豪賭，把拙政園輸掉了。

「雖由人作，宛自天開。」江南古典園林是中國建築文化史上的瑰寶，是世界藝術百花叢中一簇芬芳之花，在世界園林中獨樹一幟。對它進行保護修繕，不僅僅要保留原有風格，還需要通過科學的設計，使它能融入當代生活，傳承城市文明。其實，從20世紀50年代開始，在國家支持下，蘇州、無錫等城市就着手聘請專家當顧問，邀請廣大市民出謀劃策，投入巨大心血，修復古典園林，讓它煥發藝術青春。我們現在看到的如詩、如畫、如夢的古典園林，正是多年保護的結果。

▲當代，我們修復古典園林

我看太湖一・太湖初體驗

快來參加古代私家園林設計師考試吧！

第一題：水池要建成方形？

私家園林當然不可能有圓明園等皇家園林那樣寬大的水面，要靠人工挖地造池。因此，水池形狀切忌方正，以曲折自然為好，因為天然湖泊一般沒有規整的形狀。

第二題：水池中要佈滿美麗的荷花？

為了增加水的趣味，要在池中種植水生植物，但植物不能種滿整個水池，即使是美麗的蓮荷，也要疏落有致。

太湖是中國東部近海區域最大的湖泊，跨江蘇、浙江兩省。東鄰蘇州，南瀕湖州，西接宜興，北臨無錫，沿湖城市組成一個環太湖城市羣。環太湖城市羣在古代就是中國經濟的核心腹地，發展活力一直延續到當今。

試試看，在地圖上圈出蘇州、湖州、宜興、無錫四個環太湖城市。

如果你想體驗一把當導遊的樂趣，可以先試着向朋友們介紹一下下面這張圖。如果學習了本書接下來的內容，你的講解會更精彩。

「蘇湖熟，天下足」

7000 年前的一粒水稻

太湖流域是中國的「魚米之鄉」，盛產稻米。你知道稻米最早是怎麼種植出來的嗎？

這個問題說來話長，至少得從 7000 年前說起。

在原始社會，太湖地區的先民們過的是茹草飲水、採樹木之實的生活，秋天的時候，野生稻成熟了，他們便會採一些回來吃，但食物來源沒有穩定的保障。偶然一天，人們無意多採了一些稻米回來，竟然發現這些稻米可以儲藏很久，而且來年發芽、可以重新長出。這啟發了他們：為甚麼不能種稻米呢？

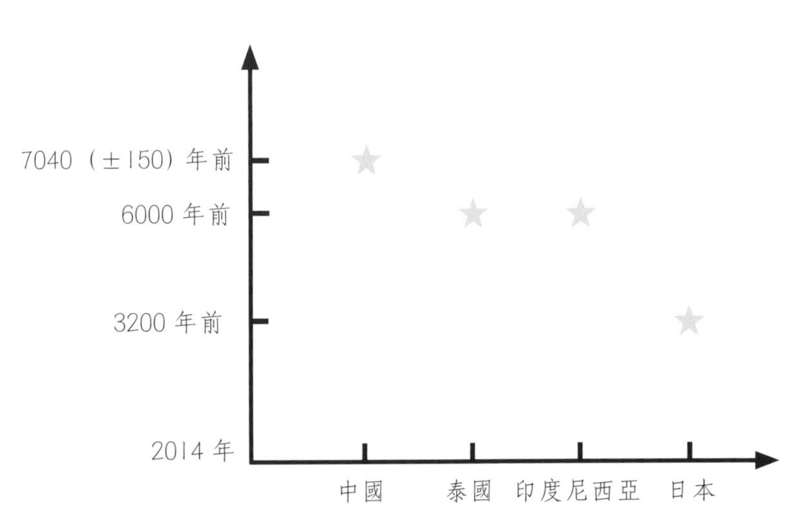

也許是無心之舉，也許是有意為之。廣袤的太湖平原，沼澤密佈，在良好的自然條件下，先民們開始嘗試種植水稻，並取得了成功！證據是，在太湖地區最早的一個新石器時代遺址——桐鄉羅家角遺址中，發現有大量的稻穀遺存，經科學鑒定是距今約 7040 年前人工栽培的水稻。這不僅説明太湖地區是我國最早種植水稻的地區之一，也證明這裏是世界上最早栽培水稻的地區之一！

世界上較早栽培水稻的國家有泰國、印度尼西亞，但其栽培年限不到 6000 年。日本發現的栽培水稻花粉距今約 3200 年。

太湖地區不僅廣植水稻，還盛產水果。唐代時，太湖花果四時不絕，洞庭西山紅橘更是果中珍品。唐太宗每年在重陽時節，都要用太湖洞庭橘頒賜羣臣，以表吉利。宋代時，民間流傳一句話：「蘇湖熟，天下足。」

下面這些植物，太湖原始居民都會種嗎？

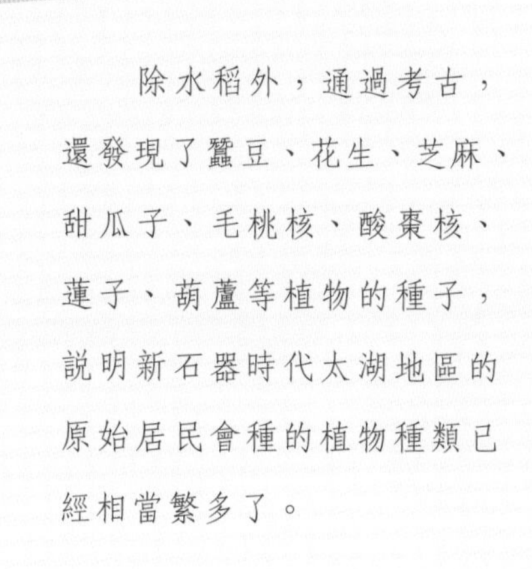

除水稻外，通過考古，還發現了蠶豆、花生、芝麻、甜瓜子、毛桃核、酸棗核、蓮子、葫蘆等植物的種子，説明新石器時代太湖地區的原始居民會種的植物種類已經相當繁多了。

近年來，蘇州在工業化、城市化進程中，高度重視農業的基礎地位，把現代科技農業、生態農業和觀光旅遊有機地結合在一起，打造新型的「魚米之鄉」。

不僅如此，太湖流域的科技農業還率先實現「電腦種田」。

你看，農業產業園內一個個大棚，瓜果蔬菜，放眼一望，鬱鬱葱葱。特別的是，每個大棚內分別裝上了 1~2 個攝像頭和 2~4 個傳感器，還有 1 個信息接收箱和 2 個設備開關箱。這些新裝備宛如給農業裝上 1 個「智慧大腦」，難怪農民們說：智慧種田真甜！

誰是第一個吃螃蟹的人？

中國人食蟹歷史悠久，其中太湖地區的先民們吃蟹的歷史最長。

太湖水深在 1.5~2 米左右，水位又常年穩定，極有利於水草、微生物等螃蟹餌料的繁殖，是歷史上優質湖蟹的主要產區之一。

今天，人們說起太湖蟹，可能會饞涎欲滴，但在遠古時代，太湖先民們把蟹看作是夾人蟲，誰也不敢吃。話說到了大禹治水時，開挖河道，引出了黑壓壓一片片的夾人蟲，不僅傷人，還影響了治水工程。有個勇士叫巴解，他想出了一個用沸水煮夾人蟲的辦法。誰知，煮熟後的夾人蟲飄出奇異的鮮香，巴解忍不住吃了一口，一不小心成了天底下第一個吃螃蟹的人。為稱讚巴解這種敢為天下先的勇氣，當地人就用他的名字，將夾人蟲取名為蟹（解＋蟲）。從此，蟹成為家喻戶曉的美食。

不僅百姓愛吃蟹，皇帝也愛吃。隋煬帝將螃蟹看成是天下第一美味，時常藉着視察運河建設的「東風」跑到太湖流域，在餐桌上親切「接見」一種「鏤金龍鳳蟹」——這道奢侈的菜是在糟蟹、糖蟹的殼上面貼上用金箔刻成的龍鳳花雲圖案。即便回宮，隋煬帝還念念不忘螃蟹的味道。

太湖流域不僅盛產蟹，還盛產魚蝦。這裏土肥水廣，氣候温和，水產資源相當豐富，素有「太湖八百里，魚蝦捉不盡」的說法。

白蝦、銀魚和白魚並稱為「太湖三白」，馳譽中外。

猜謎語

肌膚未解黃金甲，
骨髓常留白玉香。
猜猜說的是甚麼？

太湖銀魚、白蝦、梅鱭等湖鮮雖然廣受喜愛，但是打漁人的辛苦付出卻是一般人看不到的。正是有了太湖流域勞動人民一代又一代的不懈努力，此地才能成為聞名遐邇的漁業生產基地。

開船嘍！
太湖漁民千百年來靠湖為生，對太湖既熱愛又敬畏。一年一度的開捕節上，漁船在眾漁民「開船嘍」的歡呼聲中，緩緩駛離漁港，駛向太湖煙波之中……

絲綢之路的真正起點

說起絲綢之路，大家都很熟悉。但是，你知道絲綢之路的真正起點嗎？沒錯，長安是它的起點，但是，絲從何處來？絲綢的故鄉是太湖流域。

中國是世界上栽桑、養蠶、絲織最早的國家，絲綢有「東方藝術之花」的美譽。而太湖地區，尤其是太湖之濱的浙江省湖州市更是中國蠶絲文化的發祥地之一。在湖州考古中，發現了一批盛在竹籃裏的絲織品，其中有絹片和絲線等，這是世界上發現的最古老的蠶絲織物，距今已有 4700 多年。當古羅馬貴族還在把絲綢當作稀罕的奢侈品加以炫耀時，這裏大規模生產出的絲綢已經開始向長安會集，開始了絲綢之路的文化遠征。

太湖絲綢真正在世界舞台上大放光彩，要感謝一個勇闖英倫的小伙子。

1851 年，20 多歲的徐榮村偶然獲悉了英國舉辦第一屆萬國工業博覽會的消息，立即將自己

所經營的「榮記湖絲」打上 12 包，裝上貨船，緊急運往英國倫敦。想不到，「榮記湖絲」在倫敦萬國工業博覽會上獲得金獎，開創了中國產品獲世界大獎之先河。湖絲在英國獲獎後，外商對湖絲更是喜愛有加。出版於 19 世紀 60 年代的《上海新報》上，每天都有湖絲的報價，同時代的英國倫敦還開設了湖絲交易所。

▶維多利亞女王

中國四大綢都——湖州、蘇州、杭州、吳江，其中兩個在太湖，太湖流域是名副其實的絲綢之府。絲綢柔順華美、經緯交融、變化萬千，展示着太湖的柔順與典雅，富麗與繁華。

▲中國絲綢

改革開放以後，太湖絲綢業進一步煥發勃勃生機，雄蠶飼養、製種繁育、規模推廣等技術，都處於世界領先水平。

春暖花開的時節，新綠鋪滿了這片肥沃的土地，蠶農們新一輪的忙碌開始了。

太湖之濱，河流縱橫，水清如鏡，土質黏韌，構成了育桑、養蠶和繅絲的良好自然條件。春蠶吐絲做繭，蠶農稱之為「蠶寶寶上山」。你了解蠶吐絲的過程嗎？

湖絲如雪，製成絲織物後輕盈柔軟、光彩奪目。道光皇帝平常最喜歡穿湖絲做成的衣褲。據説，有一次，他的一條湖絲褲子破了一個小洞，節儉的皇帝決定補補再穿，沒想到為補這條褲子，竟花了更多銀子。皇帝的「節儉」成了奢侈，可見湖州絲綢的珍貴。

▲拿去補補，朕要帶頭節儉

▲這麼貴？難道，朕節儉錯了嗎？

我看太湖二·「讓」出來的美麗

太湖地區成為「天下糧倉」，與一位著名的歷史人物泰伯有關。

泰伯是商末周太王的長子，本應繼承王位，但他的父親想傳位給小兒子。為成全父親心願，泰伯就離開家鄉陝西，經過了千山萬水來到江南。帶着先進的農業生產技術，泰伯大力開發太湖流域，為太湖日後成為魚米之鄉奠定了基礎。後來，雖然有機會再回家鄉登上王位，但他最後還是決定留在太湖流域建設美好的江南。

你理解泰伯的選擇嗎？你有過「讓」的經歷嗎？

▼泰伯離開家鄉陝西

請稍等
請先過
我年輕，我讓！
我快下車了，我讓！
我年紀小，還是我來讓吧！
您先請！
謝謝！

最有特色的「土特產」

說起太湖最有特色的土特產，非太湖流域各行各業的「狀元」莫屬！

最會做生意的狀元

走進太湖人文歷史長廊，你就能見到一個個才華橫溢、卓有成就的歷史人物迎面走來。他們生長在太湖的土地上，或者從異地來到太湖生根發芽，他們是太湖的驕傲。

明清時期，太湖地區經濟富裕、教育發達，全國一共產生 202 名狀元，僅蘇州就有 35 名，佔全國狀元的比例達 17%。

在無錫，有一條全國知名的巷子——才子巷，自宋代以來，先後培育出一位狀元、十三位進士、十五位舉人、八十位秀才。

父子狀元、祖孫狀元、叔姪狀元和同胞三鼎甲、一門兩鼎甲，罕見的狀元、榜眼、探花同出一門的現象，在太湖地區也是舉不勝舉。

▲祖孫狀元

太湖狀元個個才華橫溢。但如果要評選一位「最會做生意的狀元」，就當屬清代狀元張謇了——他因提倡和踐行「實業救國」的理想而載入史冊。

說起張謇，當初可沒少讓家人和老師操心！屢試不中後，他的老師宋蓬山曾經對他說：「一千個人考試，要是有九百九十九個中，唯一不中的就是你。」他聽後立志苦讀，在進出科場 20 多次後，在 41 歲時終於高中狀元。

▲你贊同張謇老師的激將法嗎？

與狀元前輩們不同的是，張謇最終選擇了辭官辦實業。經歷了中日甲午戰爭，目睹了清政府的昏庸和無能，張謇深深地感受到，要實現國富民強，必須大力發展實業。從此，他把理想落實到建設家鄉的具體事務上，開工廠、建碼頭、辦醫院、蓋學堂，還創建了國內第一所師範學校、第一所紡織專業學校和第一座博物館，真正做到了造福一方。

太湖流域不僅在古代出了眾多狀元，到現代也是按人口比例出院士最多的地方。為甚麼會出現這種現象呢？是偶然嗎？事實上，這與當地經濟富裕、教育發達、家族影響等因素都有着密切的關係。

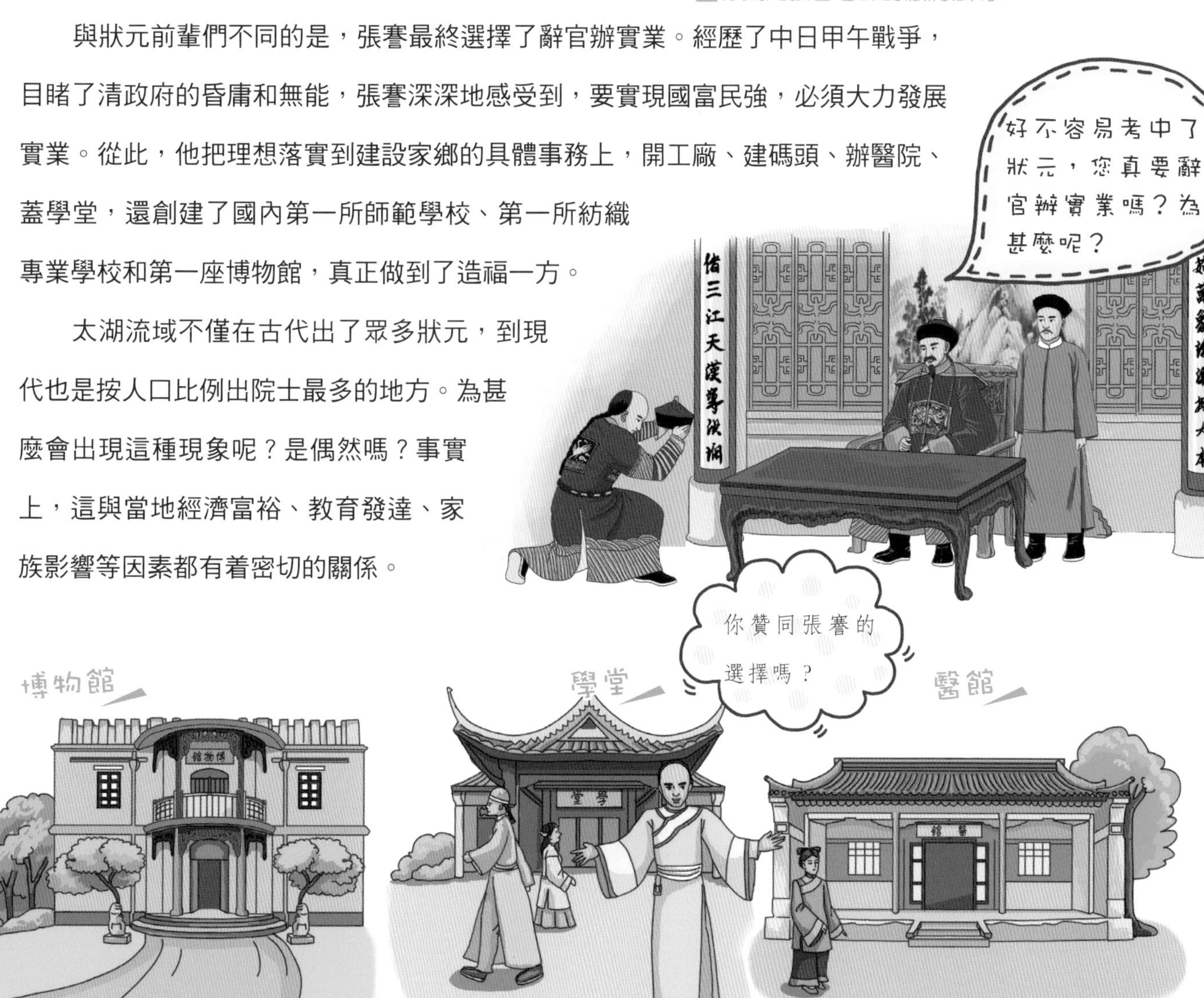

▲張謇棄官

▲國學大師錢穆

▲著名學者錢鍾書

▲著名科學家錢偉長

想不到吧，錢穆、錢鍾書、錢偉長，竟然都來自無錫錢氏家族，讀一讀他們的家訓：「利在一身勿謀也，利在天下必謀之。」你理解這句話嗎？跟家人、朋友分享一下你們家的家訓。

我們家的家訓是＿＿＿

＿＿

身穿狀元袍，頭戴紅高帽，古香古色的船內有人吹奏着喜樂，船頭舉着狀元及第的牌子……這不是「穿越」，這是蘇州狀元文化節。

李時珍、蒲松齡、唐伯虎他們都是落榜者，但也是真正的「狀元」。你了解他們擅長的領域嗎？

一代蘇繡皇后的傳奇

太湖人傑地靈，巾幗不讓鬚眉。

靠刺繡，一個普通女孩成長為名揚天下的「蘇繡皇后」。

這個女孩原名沈雲芝，七歲開始學習穿針引線，八歲繡成第一幅作品《鸚鵡圖》，惟妙惟肖，長輩看了都大為驚喜。十五歲，雲芝就以繡藝聞名姑蘇，被譽為「神針」。後來，慈禧太后過生日，雲芝繡成《八仙上壽圖》壽屏，進獻給慈禧，慈禧看後非常開心，稱之為「絕世神品」，並親筆題寫「壽」字送給雲芝，從此沈雲芝改名沈壽。

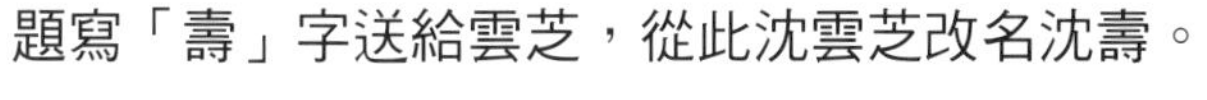

要知道，在被譽為「絲綢之府」的太湖流域，很多女孩都是刺繡高手。即使是豪門貴族的小姐，不懂刺繡，也不符合當時賢妻的標準。沈壽能在眾多高手中脫穎而出，緣於她天賦極高並且勤奮努力。

1911 年，沈壽繡製了我國第一幅人物肖像刺繡作品——《意大利皇后愛麗娜像》，在意大利都朗萬國製造工藝賽會上展出，逼真的形象，精妙的繡藝，轟動了意大利朝野，獲得了博覽會的「世界最高榮譽獎」。在沈壽的倡導下，太湖流域多地分別開辦了刺繡學校，為我國培養了一大批刺繡藝術人才。

太湖流域地靈水秀，人文薈萃，不僅刺繡巧奪天工，很多民間手工藝都堪稱華夏一絕。

有書為證，曹雪芹寫《紅樓夢》，第六十七回中專門寫了寶釵的哥哥薛蟠從蘇州買來兩箱子寶貝，其中一箱中有「香珠、扇子、扇墜、花粉、胭脂等物；外有虎丘帶來的自行人、酒令兒、水銀灌的打筋斗小小子，沙子燈，一齣一齣的泥人兒的戲，用青紗罩的匣子裝着；又有在虎丘山上泥捏的薛蟠的小像，與薛蟠毫無相差」。可以說，這是三百年前太湖流域民間手工藝的一個縮影。

2006 年，蘇繡被列入第一批國家級非物質文化遺產名錄，成為太湖地區的標誌之一。但由於現代化進程的加快，傳統工藝逐漸被現代工藝所取代。學習、傳承民間手工藝是否還有必要性呢？現在越來越多的優秀傳統文化隨着老藝人的去世，正在逐漸消亡。如何留住傳統手工藝，並推陳出新，對此你有甚麼好建議嗎？

▲清代刺繡精品

越溪船拳 春秋戰國時期開始在蘇州越溪等地流傳的一種武術拳種，明清時期尤為盛行，在中華武術寶庫中獨樹一幟。

崑曲 我國最古老的劇種之一，以曲詞典雅、行腔婉轉、表演細膩著稱，被譽為「百戲之祖」。

如果有機會來太湖流域，你想學點甚麼？

泥塑 用黏土塑製成各種形象的一種民間手工藝。最高境界是，用各種顏色的泥照着客人的樣子，在最短的時間內抓住人物特點，並當場捏出來。

核雕 以桃核、杏核、橄欖核等果核及核桃雕刻的工藝品。

四象、八牛、七十二墩狗

如果明代有「福布斯富豪排行榜」，沈萬三一定能雄踞榜首數十年。

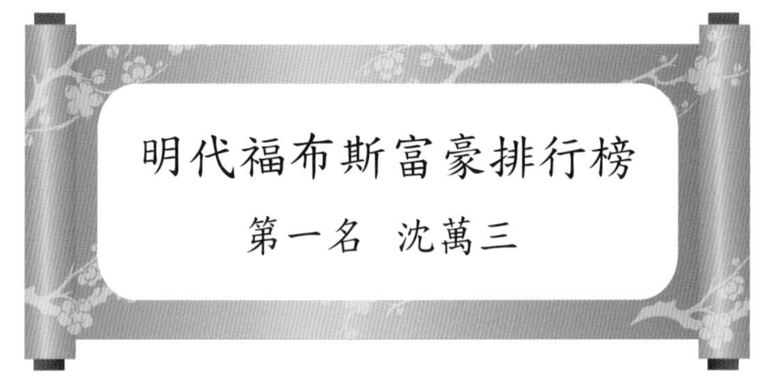

沈萬三是何許人也？

他是中國歷史上最傑出的理財大師之一。

這位元末明初的巨商，利用太湖便捷的水網，組建了龐大的商業船隊，架起海內外貿易的橋樑。他的理財水平和富裕程度，讓皇帝朱元璋由羨慕轉變成嫉妒。

據說，當朱元璋最需要用錢的時候，沈萬三答應每年皇家軍隊的錢糧都由他負責，此外，他還幫助皇帝修建南京城三分之一的城牆。也許沈萬三過於財大氣粗，他主動提出要犒賞三軍，這下搞得朱元璋心裏不舒服，最終找個理由把他流放到雲南了。

沈萬三商貿的成功與太湖流域具有很強的交通優勢密不可分。唐宋以來，蘇州、湖州、嘉興一帶，水上交通更加便利。優越的交通條件使得沈萬三奔行於國內和國外各大商貿城市之間，最終成長為歷史上極富傳奇色彩的江南富豪。

太湖流域交通便利，人傑地靈，再加上當地人的勤勞和精細，帶動了環湖城市成為富庶之地。清光緒年間，當地人用動物的體積和數量來生動地形容富豪們的富裕程度——「四象、八牛、七十二墩狗」。擁有資產百萬兩以上的富豪稱為「象」，50 萬兩至 100 萬兩者稱為「牛」，30 萬兩至 50 萬兩者稱為「狗」。

發家致富後的富商們，除構築美輪美奐的私家宅第、園林和藏書樓外，同時還以各種方式行善舉，回報社會，比如辦育嬰堂、善舉公所、免利借米局、火賑會以及設立獎學金等。

▲給予是一種幸福

這就是江南巨富劉氏家族所建的「嘉業藏書樓」，其古色古香的園林、建築、圖籍，吸引着海內外的遊客。置身其中，似處身世外，榮辱皆忘，心曠神怡。

如果你成為首富，你會如何使用你的財富？

▲嘉業藏書樓內景

旅程四

又見太湖美

「碟子」的煩惱

太湖流域地勢西南高，東北低，四周略高，中間略低，形似碟子。

太湖美麗又富庶，但太湖也有自己的煩惱，那就是水患。

太湖地區古稱震澤。很久以前，這裏只是一個又寬又淺的海灣。隨着長江、錢塘江帶來的泥沙在這裏逐漸淤積，沙嘴一點點向外延伸，經滄海桑田的變遷，逐漸葑淤，成為平陸，中間留下了一個太湖。

太湖流域由平原、窪地、湖羣構成，地形特點是中間低、周邊高。水利專家稱之為「碟邊狀」，說得通俗一點，太湖流域就像一個大碟子。

對這種地形來說，一旦雨水過大，排洪排澇可就困難了。太湖流域偏偏雨量充沛，而且降雨極不均匀，雨季集中在 4~10 月，這段時間內的梅雨和颱風暴雨，都可能使太湖這個「大碟子」盛滿了水，卻倒不出來。

水患是古今影響太湖地區經濟發展，特別是農業發展的主要禍患之一。如何治理？歷史上，曾有不少學者、名士在這裏興修水利，變害為利。從大禹治水到伍子胥開運河，再到范仲淹引太湖水入海，都曾留下過顯赫的治水業績。

千百年來，祖先為治理太湖水患做了艱苦曲折的鬥爭，其中有經驗，也有教訓。對我們今天綜合治理太湖水患，提供了不少有益的啟示。中華人民共和國成立以來，國家在太湖流域投資興建了一大批水利設施，用於防洪減災。比如太浦河工程，在抗擊 1999 年太湖流域特大洪水中，發揮了重要作用。

相傳，遠在4000多年前，我國治水祖師夏禹在太湖治理水患，開鑿了三條主要水道——東江、婁江、吳淞江，連通了太湖與大海的渠道，將洪水疏導入海。這就是司馬遷在《史記》中記載的「禹治水於吳，通渠三江五湖」。

范仲淹剛到任，就遇上了蘇州暴雨成災，眼看百姓面臨威脅，他不禁憂心忡忡。范仲淹經過仔細勘察，提出了疏浚河道、引太湖水入海的治水方案。蘇州百姓經過艱苦奮戰，順利地完成這項工程，緩解了蘇州、湖州、常州等太湖沿岸地區的水患。

水災有哪些危害？

水災會造成大量人員傷亡和財產損失，如果救災不及時或不恰當，還會給社會經濟、人們的正常生活帶來巨大損失，甚至影響社會穩定。

▲洪水淹沒了車輛

▲武警戰士抗洪搶險

讓太湖更清澈

太湖是江南的母親湖，當她生病了，兒女們都會牽腸掛肚。

古老的太湖養育了周邊生生不息的兒女，其中蘇州和無錫的生活、生產用水中 80% 取自太湖。近年來，太湖富營養化問題日益嚴重，湖中浮游植物藍藻大量繁殖，年年氾濫成災，對湖水造成嚴重污染。

藍藻在水面形成一層藍綠色且帶有腥臭味的浮沫，稱為「水華」，大規模的藍藻暴發被稱為「綠潮」。綠潮引起水質惡化，嚴重時耗盡水中氧氣，導致魚類死亡，對人畜也產生毒害。

▲太湖得了「藍藻病」

藍藻是怎麼產生的呢？藍藻是太湖病症的表象，真正源頭是水質遭到污染。中國科學院對太湖生態環境狀況長期研究的結果顯示，工業污染增加、農業面源污染擴大、城市生活污水直接入湖和漁業養殖規模急速擴張，是威脅太湖生態環境的主要原因。

詩情畫意的太湖是太湖流域人民的驕傲，恢復太湖的美麗和健康成了政府和老百姓迫切希望解決的大問題。目前已採取全方位、立體式強化綜合治理措施，包括關閉高污染企業、打撈藍藻、調水引流、底泥清淤、生態修復等。

▲蘇州太湖濕地公園

作為蘇州西部生態城的「綠心」，蘇州太湖濕地公園是目前環太湖地區最大的濕地公園，這也是一項利用太湖綜合治理的清淤工程。通過種植各類水生植物，營造野生物種棲息、衍生的自然環境，重新恢復太湖沿岸大自然的親和力。你看，水鳥低迴，青山如黛，太湖又露出清秀的面龐。

我看太湖三·關心太湖成長

▲學生們正在往太湖投放白鰱

▲白鰱吃藍藻，一物降一物

你知道一物降一物嗎？

蘆葦居然是藍藻的天敵！蘆葦根系發達，與藍藻在爭奪水中氮、磷元素的過程中有明顯的優勢，能有效地抑制藍藻的生長。眼前，碧波蕩漾的太湖水面，蘆葦迎風搖曳。

通過閱讀了解，除了蘆葦、白鰱，還有甚麼可能是藍藻的天敵？＿＿＿＿＿＿＿＿

＿＿＿＿＿＿＿＿＿＿＿＿＿＿＿＿＿＿＿＿＿＿＿＿＿＿＿＿＿＿

我的家在中國・湖海之旅 5

萬頃湖光聚寶盆 太湖

檀傳寶◎主編　陳苗苗◎編著

責任編輯：梁潔瑩
裝幀設計：龐雅美
排　　版：時　潔
印　　務：劉漢舉

出版 / 中華教育
香港北角英皇道 499 號北角工業大廈 1 樓 B
電話：（852）2137 2338
傳真：（852）2713 8202
電子郵件：info@chunghwabook.com.hk
網址：https://www.chunghwabook.com.hk/

發行 / 香港聯合書刊物流有限公司
香港新界荃灣德士古道 220-248 號
荃灣工業中心 16 樓
電話：（852）2150 2100
傳真：（852）2407 3062
電子郵件：info@suplogistics.com.hk

印刷 / 美雅印刷製本有限公司
香港觀塘榮業街 6 號
海濱工業大廈 4 樓 A 室

版次 / 2021 年 3 月第 1 版第 1 次印刷

規格 / 16 開（265 mm x 210 mm）